Anselme Payen

Le Café

Sa culture et ses applications hygiéniques

ISBN : 978-1543217322

10 9 8 7 6 5 4 3 2 1

Anselme Payen

Le Café

Sa culture et ses applications hygiéniques

Table de Matières

Introduction

À côté du sucre, comme élément de prospérité coloniale et de bonne alimentation intérieure, se place le café, dont la production est restée une source de revenus considérables pour nos établissements d'outre-mer. J'ai plus d'une fois signalé dans la *Revue* l'intérêt qu'il y aurait à développer en France la consommation du sucre [1]. Si des mesures administratives peuvent élargir les débouchés de notre industrie sucrière des Antilles et de Bourbon, il est cependant un autre moyen d'en favoriser les progrès : c'est d'encourager l'usage des boissons aromatiques et salutaires où le sucre entre comme ingrédient nécessaire. Le café, le thé, le chocolat ont à ce point de vue, outre leur incontestable utilité hygiénique, une véritable importance économique. En même temps que l'emploi de ces précieux toniques profite à la santé générale, il assure à nos colonies un autre genre d'avantages en activant leur production industrielle et en resserrant leurs liens avec la métropole.

Il règne malheureusement une fâcheuse ignorance sur la composition, les propriétés et le rôle de cette catégorie de substances alimentaires, qui d'ailleurs, par suite de certaines entraves commerciales, n'arrivent entre les mains du consommateur que surchargées de divers frais généraux, et rencontrent sur les marchés mêmes de la métropole la concurrence d'imitations plus ou moins grossières. Sans traiter ici la question économique, nous voudrions, en ce qui touche le café, réunir les données scientifiques qui méritent l'attention du producteur comme du consommateur, et démontrer d'une part quelles sont les meilleures conditions de la culture du café, de l'autre combien l'hygiène publique est intéressée à défendre la production loyale de cette substance alimentaire contre la fraude.

Section I

Chacun sait que la boisson connue sous le nom de café est obtenue par la torréfaction de grains ovoïdes, gris, jaunes ou verdâtres, la plupart déprimés ou offrant une face plane, tous marqués d'un sillon longitudinal. Ce qu'on sait moins, c'est que ces grains constituent le périsperme corné et comme le noyau d'un fruit charnu ou baie légèrement sucrée, ressemblant à une petite cerise oblongue. La plante qui produit ces baies est le caféier ou cafier, *coffœa arabica*. Comment découvrit-on les propriétés aromatiques des fruits du précieux arbrisseau ? Faut-il attribuer cette découverte à un berger d'Arabie, dont les chèvres auraient manifesté un singulier redoublement de pétulance après avoir goûté aux fruits du cafier ? Faut-il croire avec les auteurs arabes que ce fut le mollah Chudely qui le premier fit usage d'une décoction de café afin de pouvoir prolonger ses pieuses veilles ? Peut-être est-il permis de ne pas attacher plus d'importance à cette question qu'aux explications étymologiques qui font venir le mot café de la ville africaine de Codée. Ce qui est certain, c'est qu'il faut chercher le berceau de la célèbre plante sur les bords de la Mer-Rouge, près du détroit de Bab-el-Mandel, C'est aussi dans l'Arabie-Heureuse, particulièrement aux environs d'Aden et de Moka, que se trouvent les plantations de café qui fournissent, sous le nom même de *moka*, les produits les plus estimés.

Le cafier figure parmi les plus jolis arbrisseaux qui croissent en trop petit nombre sous le ciel brûlant de l'Yémen. Il s'élève sous une forme pyramidale à 4 ou 5 et même à 6 ou 7 mètres de hauteur, s'il n'est mutilé par la main des hommes ; ses rameaux flexibles, noueux, portent sur de courts pétioles des feuilles luisantes, d'un vert intense, ovales, longues, pointues, qui offrent des nervures prononcées et d'élégantes ondulations. Les fleurs du cafier, groupées en petites panicules à l'aisselle des feuilles, sont d'une éclatante blancheur. Des fruits ou baies ovoïdes, d'un volume graduellement développé jusqu'à égaler celui d'une petite cerise, succèdent aux fleurs, tandis que de nouvelles floraisons se préparent, offrant bientôt par leur blancheur pure d'agréables oppositions avec les vives couleurs vertes, jaunes et rouges des fruits, suivant les progrès de la maturation. Le spectacle enchanteur de la floraison des cafiers ne dure, il est vrai, que peu de jours, mois il se renouvelle plusieurs fois pendant la durée du printemps : trois floraisons en général ont lieu tous les ans, à trois semaines ou un mois d'intervalle. La première apparition des fleurs dépend de la saison où les pluies commencent, elle varie du

1ᵉʳ mars à la mi-avril ; cette floraison est en outre subordonnée à la température locale, qui est elle-même en rapport avec la hauteur des lieux où la plantation se trouve établie. L'exposition soit au sud, soit au nord, exerce aussi son influence pour accélérer ou retarder les phénomènes successifs de la floraison, de la fructification et de la maturité complète ; celle-ci s'annonce par la teinte brune, graduellement plus foncée, qu'acquièrent les fruits en perdant dès lors leur belle nuance rouge.

Le cafier fait partie de la famille des rubiacées. Les rubiacées de nos climats sont en général des plantes herbacées et annuelles, comme la garance. Les rubiacées des pays chauds forment au contraire un groupe très varié de plantes ligneuses, où l'on remarque le café, l'ipécacuana, les quinquinas jaune et rouge, le kino. Parmi ces plantes, les unes sont riches en principes colorants, les autres douées de propriétés éminemment toniques, astringentes ou nutritives. C'est à la fois comme plante tonique et nutritive que le café a pris place dans l'alimentation publique. L'usage du café était depuis longtemps répandu en Orient quand il s'introduisit en Europe, vers le commencement du XVe siècle. Ce ne fut pas toutefois sans difficulté que cet usage s'établit, même en Orient. Dans l'empire ottoman par exemple, la consommation du café eut à lutter contre de nombreux obstacles dès qu'elle devint une occasion de réunion dans des lieux publics. Amurat III fut un des princes les plus hostiles aux consommateurs de café, il fit fermer les établissements où l'on débitait l'odorante liqueur. Après un intervalle d'un régime plus doux, cette tradition de sévérité fut reprise sous la minorité de Mahomet IV et abandonnée définitivement en 1554, sous le règne de Soliman le Grand.

On connaît généralement les vicissitudes qu'a traversées la consommation du café en Europe. Introduit à Venise en 1615, à Marseille en 1654, le café paraissait à Paris en 1657, sous les auspices du voyageur Thévenot, et devenait tout à fait à la mode en 1669, grâce à l'initiative de l'ambassadeur ottoman Soliman-Aga. Bientôt, vers 1673, s'ouvrirent des cafés publics, tels que celui du Florentin Procope et de Grégoire d'Alep. Alors aussi la consommation du café devenait une question médicale, et l'on commençait à s'occuper des effets que le café pouvait produire sur la santé des populations. Ces effets passaient généralement pour

Anselme Payen

dangereux, et un mot célèbre de Mme de Sévigné est resté comme l'écho des préjugés entretenus contre le café par les médecins du XVIIe siècle. Au siècle suivant, tous ces préjugés avaient disparu, et une plaisanterie de Fontenelle, presque centenaire, répondait gaiement aux accusations portées contre le café. « Il faut avouer, disait Fontenelle, que le café est un poison bien lent, car j'en bois plusieurs tasses chaque jour depuis quatre-vingts ans, et ma santé n'en est pas encore sensiblement altérée. » Aujourd'hui on peut opposer à ceux qui redoutent les effets du café un argument plus sérieux dans le chiffre même qu'atteint la consommation de cette substance alimentaire en Europe sans que la santé publique en souffre nulle part, et au contraire avec grand profit pour elle [2]. Ce chiffre dépasse annuellement 300 millions de kilogrammes.

C'est l'initiative entreprenante du peuple hollandais qui a fait du café une culture coloniale et un objet de commerce. À la fin du XVIe siècle, au moment où la consommation du café prenait un développement considérable en Europe, les habiles négociants hollandais s'emparèrent de cette source de richesse. On fit venir de Moka quelques jeunes cafiers à Batavia. Un de ces pieds, transporté dans les serres du jardin botanique d'Amsterdam, y produisit des fleurs, puis des fruits qui parvinrent à maturité. On sema les graines et on obtint quelques pieds nouveaux, dont l'un fut, lors de la paix d'Utrecht, envoyé en cadeau à Louis XIV. Ce cafier, placé dans les serres du Jardin du Roi, à Paris, s'y multiplia bientôt. Il restait à naturaliser le cafier dans nos colonies des Antilles, et le capitaine Declieux reçut la mission délicate d'y transporter trois des pieds venus au Jardin du Roi. La traversée fut longue et difficile : deux de ces plants ne purent même résister à la sécheresse ; l'équipage manquait d'eau. Le capitaine Declieux, comprenant toute l'importance de la mission qu'il voulait accomplir, partagea avec le seul cafier qui lui restât sa faible ration d'eau. Il parvint enfin à l'introduire vivant dans la colonie de la Martinique, où se rencontrait un climat si favorable dans plusieurs localités, qu'en un petit nombre d'années la multiplication des cafiers fut prodigieuse.

Telle est l'origine d'une de nos plus importantes cultures coloniales, dont les progrès ont été constatés par les remarquables produits envoyés à l'exposition universelle de 1855 [3]. Toutefois ces progrès avaient été longtemps contrariés par des circonstances heureusement disparues. D'autres cultures, plus profitables en apparence, absorbaient l'attention, les soins et les capitaux, parfois trop rares, des propriétaires. Ainsi, tant que la production du sucre fut sans rivale, elle s'étendit même sur les terrains reconnus depuis comme peu favorables à la culture des plantes saccharines. Aujourd'hui la situation n'est plus la même. La production des sucreries indigènes et coloniales récentes dépasse pour le moment l'ensemble de la consommation métropolitaine. Sans doute la consommation du sucre, nous en avons l'espoir, deviendra de plus en plus considérable et se mettra au niveau de cette production ; mais il n'en reste pas moins inopportun et peu avantageux de multiplier sans réflexion les plantations de cannes. Il importe surtout de varier les cultures, et parmi les produits coloniaux qu'on peut obtenir avec avantage sur les terrains peu favorables aux cannes, on doit citer en première ligne le café. Il est constant en effet que la consommation du café en France a suivi une progression ascendante depuis trente ans [4]. Comment ne pas reconnaître d'ailleurs la nécessite de varier les cultures coloniales, quand on voit deux riches possessions, l'une française, l'autre anglaise, la Réunion et Maurice, réduites à se procurer par la voie du commerce maritime la farine, le riz, les fourrages consommés dans leurs importantes exploitations ?

Un fait remarquable, observé précisément dans l'île de la Réunion, toujours empressée à secouer le joug des anciennes méthodes en fait de culture et d'industrie coloniale [5], vient montrer combien la variété des plantations serait profitable à nos possessions d'outre-mer. À la Réunion, certaines terres crevassées et marécageuses sont difficilement appropriées à l'entretien et au développement des cannes à sucre. On ne peut en obtenir, même à grands frais, qu'un jus aqueux et peu sucré. La culture et la récolte, difficiles en tout temps, y sont devenues impraticables depuis renchérissement de la main-d'œuvre, conséquence naturelle de l'affranchissement des nègres. Dans de telles circonstances, un des plus grands propriétaires de la colonie, M. de Kerveguen, étendant à ces localités, ingrates pour la production saccharine, mais favorables à la végétation des cafiers, la culture de ces arbustes, a obtenu des résultats économiques très notables, qui ont augmenté ses revenus en sextuplant ses récoltes de café, portées ainsi de 350 à plus de

2,000 balles par année moyenne [6].

En général, pour cultiver les cafiers avec avantage, des abris et une certaine humidité sont nécessaires, bien que sous ce rapport ces arbustes soient moins exigeants que les cacaoyers. Ainsi, dans l'île de la Réunion, que partage en deux une chaîne de montagnes, le *côté du vent* (celui qui reçoit sans obstacle les vents alizés ou d'orient) pourrait convenir aux cacaoyers, si les terres vierges et les abris n'y manquaient, tandis que le côté opposé, dit *sous le vent*, trop sec pour cette culture, se trouve encore assez humide et abrité pour les plantations des cafiers. À la Martinique, c'est dans les terres argilo-sableuses rougeâtres, où la végétation active des figuiers, des *bois rouges* et de quelques autres plantes a développé, par la chute et la désagrégation des feuilles, un abondant humus, que se rencontrent les conditions favorables de défrichement en vue d'établir une plantation de cafiers. Les énormes troncs des figuiers abattus ainsi que leurs plus forts rameaux, les tiges et grosses branches des *bois rouges*, sont entassés pour servir d'abri aux jeunes plants, et plus tard d'engrais, par suite des altérations spontanées qui peu à peu réduisent en terreau ces grands corps ligneux. Quant aux menus branchages, ramilles et feuilles, on les brûle ordinairement, afin de trouver dans les cendres qui en proviennent les éléments minéraux réclamés par les besoins de la végétation.

Parfois aussi on doit disposer d'avance de puissants abris protecteurs contre les vents impétueux et contre les grandes ardeurs du soleil. On y parvient à l'aide des acajous, dont la rapide croissance permet de compter sur d'assez prochains abris. Ces grands arbres, exempts d'émanations défavorables pour les cafiers, leur procurent au contraire de nouveaux engrais en allant puiser dans le sol par leurs racines, et dans l'atmosphère par leur végétation aérienne, les aliments minéraux et organiques bientôt accumulés dans leurs feuilles. Celles-ci, par leur chute automnale (vers le mois de septembre) sur le sol et leur désagrégation ultérieure, servent à la nourriture des racines, moins profondément pénétrantes, des cafiers. D'ailleurs, et avant de se réduire en terreau par une dernière décomposition, ces feuilles tombées accomplissent une autre fonction utile : elles couvrent la terre d'une sorte d'écran multiple qui s'oppose à une trop rapide évaporation de l'eau superficielle, et entretient ainsi une humidité très favorable à la végétation. On complète cette sorte d'abri vivant dans les sols convenablement humides en y cultivant des cacaoyers : ceux-ci, par leurs épaisses et larges feuilles, protègent mieux encore, et sur une moindre hauteur, les plants de cafier contre les trop rapides courants d'air. En outre les triples rangées de ces plantations protectrices, normales ou perpendiculaires à la direction habituelle des vents qu'il s'agit de braver, doivent laisser entre elles de larges intervalles qui puissent suffire à la libre circulation de l'air comme à une abondante distribution de la lumière diffuse indispensable pour exciter et soutenir les fonctions assimilatrices de leurs organes foliacés.

Une fois le terrain choisi, on s'occupe soit de l'ensemencement, soit de la plantation. Pour l'ensemencement comme pour la plantation, c'est de novembre à mai qu'il convient d'opérer. L'ensemencement donne des arbustes plus largement enracinés, capables de mieux résister aux violents déplacements d'air. Avec la plantation, qui permet de préparer d'avance les plants en pépinière, on peut obtenir une année plus tôt qu'avec l'ensemencement, c'est-à-dire au bout de deux ou trois ans, la première récolte, qui, devenant d'année en année plus productive, atteint son maximum au terme d'une période de cinq ou six ans. Que l'on adopte l'une ou l'autre méthode, on doit préférer la disposition en quinconce, à distance de 1 mètre 60 centimètres à 2 mètres, qui facilite les soins de la culture et de la récolte. Une plantation de cafiers bien disposée peut donner des produits pendant quarante ans.

Les curieux et charmants phénomènes de la floraison et de la fructification amènent une autre série de travaux. C'est vers le mois de septembre que se manifestent les premiers signes de la maturité. Aussitôt qu'une teinte brune succède à la belle coloration rouge des fruits du cafier, on procède à la récolte, qui se prolonge jusqu'en janvier. Durant cinq mois, les nègres passent chaque jour entre les rangs de cafiers, choisissent les fruits mûrs et les rassemblent dans un panier de liane. Chaque travailleur récolte ainsi de 80 à 90 kilos de café en cerises dans le cours d'une journée. Chaque jour aussi, et pendant toute la durée de la cueillette des fruits, il faut s'occuper de la préparation et de la conservation des grains ou fèves. Les anciennes méthodes consistent soit à laisser macérer et fermenter en tas les cerises mûres, afin de faciliter l'extraction de la pulpe, soit à froisser ou *grager*, immédiatement après la récolte, les baies entre des cylindres en bois garnis de râpes métalliques, et à transformer la pulpe en une espèce de bouillie que l'on élimine par des lavages et triturations multipliés. La première méthode rend impossible de prévenir les irrégularités des fermentations, qui développent souvent des produits putrides, à ce point que certains cafés du commerce exhalent constamment une odeur nauséabonde plus ou moins prononcée. La seconde méthode a aussi des inconvénients graves. Ainsi l'on est exposé à perdre, avec-les eaux de lavage, une partie considérable des principes immédiats qui constituent l'arôme si caractéristique du café. Puis, si les grains lavés ne sont pas soumis à une assez prompte dessiccation, ils ne tardent pas à offrir une coloration spéciale qui annonce la décomposition des deux substances préexistantes dans le café normal [7]. Enfin, des fermentations spontanées, — alcooliques, acides et putrides, — peuvent survenir, moins actives que dans le premier cas, mais toujours au détriment de l'arôme du produit. Quoi qu'il en soit, dépouillés de leur pulpe par l'une ou l'autre méthode, les fruits sont conservés, après dessiccation plus ou moins parfaite, à l'abri de l'humidité, jusqu'à la saison des pluies, où les travailleurs, inoccupés au dehors, consacrent leur temps à débarrasser les graines des pellicules, ou enveloppes friables, encore adhérentes. L'opération s'exécute dans l'auge circulaire d'un moulin à meules verticales en bois. Un simple vannage suffit ensuite pour enlever les derniers débris pulvérulents [8].

De l'emploi de ces méthodes imparfaites dérivent les nuances infinies qu'on observe entre les cafés livrés au commerce. La science n'a-t-elle donc pas de procédés meilleurs à indiquer ? Il en est deux heureusement très préférables aux méthodes qu'on vient de décrire, et dont j'essaierai de donner une idée. De ces deux procédés, l'un est de date récente, l'autre, chose singulière, est de tous le plus ancien. L'un et l'autre, quoique appelant encore diverses améliorations, donnent déjà de très bons résultats. Parlons d'abord de la plus ancienne méthode. Dans les contrées de l'Arabie-Heureuse, on se contente de laisser mûrir les baies sur l'arbre jusqu'à ce qu'elles s'y dessèchent en partie ou tombent spontanément. On les livre ensuite au commerce après les avoir débarrassées la plupart de leur enveloppe par la trituration. Le café se trouve ainsi à l'abri des altérations spontanées et des déperditions qui résultent des fermentations ou des lavages. La méthode nouvelle se rapproche ; de la méthode primitive en ce sens qu'après avoir cueilli les baies du cafier au fur et à mesure de la complète maturation, on les fait dessécher le plus vite possible pour les soumettre aussitôt à la trituration et au décorticage [9]. On facilite ces diverses opérations par d'ingénieux appareils, qui permettent d'opérer la dessiccation, sans écraser la pulpe, par des ventilateurs perfectionnés, etc., et on rehausse ainsi la valeur des cafés de nos colonies des Antilles et de Bourbon.

Section II

Une fois transporté sur les marchés européens et devenu un objet de consommation, le café appelle à de nouveaux titres l'attention de la science. Analyser la structure et la composition immédiate du grain alimentaire, en déterminer l'action sur l'économie animale, examiner enfin ce que valent les préparations qui ont pour but de le remplacer, telle est la triple tâche qu'il faut remplir.

La structure du café se reconnaît sans peine si l'on place sous le microscope des tranches excessivement minces, découpées avec un rasoir, de ces grains dépouillés de leurs enveloppes, tels qu'en général ils nous arrivent des colonies. On reconnaît d'abord que toute la masse consistante de ces périspermes cornés est formée d'un tissu cellulaire dont toutes les cellules à parois épaisses sont creusées de cavités irrégulières et communiquent entre elles par de nombreux pertuis. Cette particularité de la structure du café, — la libre communication entre les cellules du tissu, — explique comment l'eau, s'introduisant dans la masse de chaque grain, en peut enlever une grande partie des principes solubles, c'est-à-dire précisément les principes doués du pouvoir de produire par la torréfaction le principal arôme du café. Elle indique ainsi la cause de la dépréciation des cafés soumis à des lavages prolongés suivant certaines méthodes de préparation usitées aux colonies, ou accidentellement plongés dans l'eau de mer durant les opérations du chargement ou du débarquement des navires.

Quant à la composition des parois des cellules ou en somme

Anselme Payen

du tissu tout entier, elle est identiquement la même que celle de la substance incolore, tenace, qui constitue la base organique de tous les organismes végétaux, et que l'on nomme cellulose. Cette substance se retrouve dans toutes les plantes, depuis les plus délicates, celles même que l'œil armé des plus puissants microscopes peut seul apercevoir, jusqu'aux énormes corps ligneux des arbres séculaires. C'est dans l'épaisseur des parois ou dans les cavités des cellules que se trouvent en assez grand nombre les principes immédiats qui jouent un certain rôle dans la préparation du café ; mais, chose singulière, le principe de l'arôme le plus caractéristique du café s'y rencontre en quantité tellement minime qu'en l'évaluant d'après l'expérience à un demi-millième du poids total, on en porte peut-être trop haut la quantité réelle.

On s'imagine peu combien sont nombreuses les substances dont l'analyse démontre la présence dans les grains du café à l'état normal, et dont les proportions et les propriétés varient dans les différentes espèces commerciales. La cellulose, l'acide chloroginique, des substances grasses, azotées, minérales, de l'huile essentielle, de la matière sucrée, etc., voilà ce que la science découvre dans un grain de café [10]. Parmi ces divers principes immédiats, il en est un sur lequel nous devons dès à présent dire un mot, car il disparaît à peu près totalement, par une altération profonde, durant la torréfaction ordinaire, et d'un autre côté sa présence dans le café normal peut aisément faire reconnaître si une variété dont on a pu précédemment apprécier les propriétés aurait subi les altérations accidentelles ou frauduleuses résultant d'une immersion dans l'eau et d'un séchage plus ou moins lent. La démonstration de la présence de ce principe immédiat, l'acide chloroginique [11](libre ou combiné), offre l'occasion d'une expérience élégante, qu'il est aisé, on va le voir, à chacun de reproduire. Si l'on concasse du café en grains, et qu'on le mette dans un volume convenable d'eau froide (ou mieux encore d'eau qu'on aura laissé revenir à une température tiède après l'avoir fait bouillir un instant), le liquide, après quelques heures de macération, versé dans un verre, paraîtra presque incolore. Si alors on y ajoute quelques gouttes d'ammoniaque liquide (alcali volatil), et qu'on l'agite un peu, le mélange deviendra jaune à l'instant, puis, abandonné en repos, il prendra bientôt, surtout près de la surface en contact avec l'air, une belle nuance verte, d'autant plus vive et foncée que le café soumis à cet essai aura été mieux préparé. La coloration deviendra par degrés plus brune. Les mêmes phénomènes se passent dans les cafés immergés dans l'eau, puis desséchés. Dès lors ils ne peuvent plus, au même degré du moins, développer la belle coloration, attribut de leur état normal.

On comprend sans peine qu'une aussi simple expérience permette de comparer entre eux des cafés de différente origine, et mieux encore de reconnaître si une variété commerciale précédemment soumise à cet essai n'a éprouvé aucune des altérations qui auraient pu affaiblir ou détruire les propriétés de son principe colorable, et altérer plus ou moins en même temps ses qualités spéciales.

Ainsi analysé dans sa composition et sa structure, le café va mieux encore nous révéler ses principes les plus caractéristiques sous l'influence de la torréfaction. Tout porte à croire que dans l'origine on a dû se contenter de l'arôme du café normal, naturellement très prononcé, quoique bien moins agréable que le parfum développé à l'aide de la chaleur. Sans doute, pour obtenir plus vite et plus abondamment le breuvage parfumé, on aura tenté d'écraser ou de moudre les grains. Bientôt, en vue de vaincre la résistance qu'ils opposent, comme divers corps organiques, en raison de l'humidité qu'ils recèlent, on aura songé à les dessécher, puis on aura dépassé accidentellement le terme de la dessiccation, et à cet instant même où commence la caramélisation légère annoncée par une teinte blonde, graduellement plus foncée, le délicieux parfum, s'étant manifesté, puis transmis par l'infusion au nouveau breuvage, lui aura immédiatement conquis la préférence générale. Quoi qu'il en soit, voici comment on doit diriger cette opération, que n'ont pas dédaigné d'étudier et de décrire, parfois même de pratiquer, dit-on, à leur usage, divers observateurs habiles.

Après de longues dissertations à ce sujet et des expériences décisives, on a reconnu d'abord que l'on pouvait sans inconvénient substituer aux vases en argile commune ou même en porcelaine, qui avaient jusqu'alors paru plus convenables, des vases en tôle, bien plus économiques et plus durables. Au lieu de remuer le café dans les premiers vases ouverts mis sur le feu, on a tout naturellement été conduit à faire tourner les vases, façonnés en cylindres ou en sphères, afin de mettre successivement tous les grains en contact avec les parois échauffées et de régulariser exactement ainsi parmi ces grains la distribution de la chaleur et l'élévation de la température. Dès lors l'opération est devenue plus facile et le résultat plus constant, à la condition toutefois que nulle part les parois du vase tournant ne fussent échauffées au point d'acquérir une température qui approchât même du rouge sombre, car cette température communiquée, ne fut-ce qu'en quelques points, aux grains de café, dépasse le terme utile de la caramélisation, décompose une portion notable des substances azotées et développe des produits pyrogénés d'une odeur très désagréable.

Un ancien ouvrier forgeron nommé Vandenbrouck, comprenant combien il est difficile d'éviter cet inconvénient du contact des parois souvent trop chaudes ou inégalement chauffées, a imaginé un moyen ingénieux, simple et très efficace, de régulariser la température. Ce moyen consiste à maintenir constamment à une petite distance des parois en tôle tous les grains de café, en disposant à l'intérieur du cylindre une sorte de canevas métallique fixé parallèlement aux parois, en sorte que la torréfaction s'effectue dans un bain d'air qui la garantit de tout excès d'échauffement et transmet au café la température moyenne convenable [12].

Quelques phénomènes intéressants se succèdent pendant la torréfaction du café. C'est d'abord, quand arrive la température de l'ébullition de l'eau, des vapeurs aqueuses qui se dégagent, accompagnées de traces graduellement plus prononcées de l'essence la plus volatile. Puis une sorte de caramélisation commence, occasionnant dans tout le tissu des grains un gonflement resté inexpliqué jusqu'au moment où l'on eut découvert l'existence du sel double de chloroginate de potasse et de caféine interposé dans le tissu végétal. En effet, ce composé, remarquable à plus d'un titre, se tuméfie, se boursoufle sous l'influence de la chaleur, entraînant avec lui le tissu tout entier, qui, abandonné à lui-même, eût éprouvé au contraire, comme la cellulose, qui en compose la portion résistante, une notable réduction dans son volume. Dans le périsperme du café, la torréfaction au degré utile, sous l'influence qui vient d'être indiquée, augmente le volume de chaque grain d'un tiers environ, en même temps que le dégagement en vapeur de l'eau et de quelques produits pyrogénés diminue le poids total de 15 à 17 pour 100 ou d'un sixième environ. On a même fondé sur cette perte du poids un procédé mécanique qui indique le terme de l'opération : la brûloire dans ce cas est supportée par un balancier à contre-poids ; celui-ci fait basculer le vase torréfacteur et l'élève au-dessus du foyer dès que le terme assigné à la diminution du poids est atteint. Si l'usage de cet ingénieux appareil ne s'est pas généralisé, c'est qu'il est un peu plus coûteux que les autres, et doit être réglé suivant que l'on opère sur des cafés plus ou moins humides ou secs, de variétés différentes ; c'est aussi parce que des caractères certains, faciles à reconnaître pour toutes les *sortes* commerciales, annoncent le degré convenable de la torréfaction.

D'où vient le changement considérable qui se manifeste après la torréfaction dans le goût et l'arôme du café ? La science est en mesure aujourd'hui de répondre en partie à cette question, bien qu'il reste encore plusieurs faits à éclaircir par une étude plus approfondie. Les réactions qui se produisent dans cette occasion, en partie successives et en partie simultanées, sont très complexes, et chacune des différentes substances dont le café se compose éprouve des modifications spéciales qu'il serait trop long de décrire. Du milieu des phénomènes si complexes de la torréfaction du café jusqu'au terme convenable surgit cependant une réaction particulière qui engendre ou développe le parfum caractéristique du délicieux breuvage : une opération très simple peut faire apparaître isolément ce principe dominant de l'arôme, en laissant à part les substances inertes ou douées d'une odeur désagréable qui l'accompagnent.

On distille dans un ballon en verre un litre d'une infusion préparée par filtration de l'eau chaude sur 100 grammes de café moka en poudre. La vapeur qui s'exhale du liquide, après une ébullition soutenue pendant deux heures, est dirigée successivement, à l'aide de tubes, dans quatre autres ballons semblables maintenus à des températures graduellement décroissantes : le premier, à 90 degrés, retient un décilitre d'un liquide légèrement ambré, dépourvu de l'arôme agréable du café, offrant au contraire une légère odeur analogue à celle de matières animales altérées par une longue décoction. Le deuxième récipient, dont la température oscille entre 25 et 30 degrés, contient un centilitre de liquide provenant de la vapeur qui a traversé le premier récipient ; dans ce liquide,

Anselme Payen

dont le volume n'est que la centième partie du volume de l'infusion primitive, réside cependant à peu près tout l'arôme du café. L'odeur en est tellement intense que quelques gouttes suffisent pour communiquer à une tasse de lait le parfum agréable du café. Les deux derniers récipients, dans lesquels se rend le peu de vapeur échappée à la condensation, sont environnés de glace : ils ont retenu seulement quelques gouttes d'un liquide à odeur empyreumatique désagréable due à des traces de carbures d'hydrogène pyrogénés très volatils, qui peuvent même se répandre au-delà des deux réfrigérants et manifester leur présence à l'aide de réactifs spéciaux.

La torréfaction s'étant opérée dans de bonnes conditions, il reste maintenant à moudre et à infuser le grain dans des conditions également favorables. Dans l'expérience de laboratoire que nous venons de décrire, on reconnaît sans peine parmi les principes aromatiques et suaves du café torréfié à point d'autres produits pyrogénés à odeur forte et désagréable. Il importe dans la pratique de séparer ces produits distincts. Les uns, plus volatils et à odeur empyreumatique, sont, avons-nous dit, en très grande partie dissipés par le vannage à l'air ; les autres peuvent être aisément reconnus et jusqu'à un certain point isolés par une des meilleures méthodes de préparation du café. Cette méthode, que chacun connaît aujourd'hui, a donné naissance à un grand nombre de petits appareils de ménage dont la construction repose sur un principe de physique élémentaire. Ils consistent en une bouilloire de porcelaine ou de verre communiquant avec un récipient d'égale capacité par un tube plongeur terminé à l'autre bout en une pomme d'arrosoir. On verse l'eau dans la bouilloire, et le café en poudre dans le récipient ; on provoque l'ébullition à l'aide d'une lampe à l'esprit-de-vin. Bientôt la pression de la vapeur dans le premier vase clos force tout le liquide bouillant à passer dans le récipient ; la lampe étant alors éteinte, la vapeur se condense, fait le vide, en sorte que la pression atmosphérique force le liquide mélangé avec la poudre de café à se séparer de celle-ci en filtrant au travers des trous de la pomme d'arrosoir pour rentrer dans la bouilloire, d'où l'on extrait l'infusion par un robinet. On obtient ainsi une infusion très parfumée et d'une saveur très délicate.

Tous les peuples d'ailleurs ne suivent pas la même méthode pour préparer l'infusion du café. Les Orientaux, qui en font un si fréquent usage, versent l'eau bouillante sur la poudre aromatique contenue dans de petites tasses ; ils obtiennent ainsi un breuvage couronné d'une mousse légère et hautement parfumé, mais où la poudre reste en suspension. En Angleterre, sur toutes les tables l'infusion de café est d'une complète limpidité, mais on choisit de préférence pour la sucrer une sorte de sucre brut, souvent chargé de résidus terreux qui rendent la délicate boisson moins agréable. Dans la plupart des autres pays, c'est la méthode française qui est généralement adoptée.

D'autres questions se présentent maintenant : quels sont les effets hygiéniques du café ? quel concours peut-on attendre de la science dans l'étude des préparations prétendues similaires qu'on lui oppose ? Quant aux effets hygiéniques, quelques doutes subsistent encore. Ainsi qu'il arrive toujours à l'apparition des choses nouvelles, à défaut de faits assez nombreux, concordants et bien observés, chacun donne carrière à son imagination, et ce ne sont pas les moins instruits qui se lancent alors dans le champ des opinions plus ou moins conjecturales. Peu de personnes savent combien de thèses, de mémoires et de dissertations ont été publiés dans toutes les langues pour ou contre le café. Aujourd'hui d'importants résultats sont venus lever tous les doutes sur le rôle hygiénique du café : nous ne citerons que les plus concluants. La consommation du café dans la Belgique était en 1851 huit fois plus considérable que chez nous relativement à la population, et l'usage en était général dans toutes les classes. En présence des statistiques si soigneusement exécutées dans ce pays, on ne peut que reconnaître l'influence favorable du café sur la santé publique [13]. Cependant on pouvait désirer une démonstration plus complète en étudiant cette influence sur la force et la santé des hommes voués à de rudes labeurs, et qui ne peuvent disposer d'une nourriture surabondante. Tel a été le but d'une étude spéciale entreprise par M. de Gasparin. En voici les résultats :

Les ouvriers mineurs de la Belgique parviennent à soutenir leurs forces et leur santé en introduisant chaque jour dans leur régime alimentaire deux litres d'infusion mélangée de 100 grammes de café et de 100 grammes de chicorée : à cette condition, ils peuvent réduire leur portion habituelle d'autres aliments au-delà même de la quantité de substance nutritive qu'il est possible d'admettre dans

Anselme Payen

ces infusions. Pour expliquer de pareils effets, M. de Gasparin a été conduit à supposer qu'en certaines circonstances le café peut agir dans l'économie animale en retardant la mutation des tissus, en prévenant ainsi une partie des déperditions journalières, qu'en un mot c'était surtout en empêchant durant les fatigues corporelles l'homme de se *dénourrir* qu'il exerçait une puissante action sur le maintien des forces et de la santé. Cette remarquable influence qu'on attribue à l'aromatique breuvage est d'ailleurs appuyée sur l'autorité incontestable d'une longue expérience pour qui connaît la sobriété de certains peuples grands consommateurs de café, les abstinences parfois prodigieuses des caravanes, le régime peu nutritif des nations arabes. En Égypte comme en Italie, l'infusion de café désignée sous le nom de *café noir* constitue une boisson habituelle que l'on prend trois ou quatre fois par jour, et jamais on n'entreprend une course matinale ou une longue marche sans prendre une tasse de café noir.

Depuis que ces faits ont été observés, de sages mesures administratives sont venues donner, par des applications remarquables, une véritable sanction aux idées nouvelles qui se formaient sur l'emploi hygiénique du café. C'est ainsi que durant les dernières campagnes d'Afrique, de Crimée, d'Italie, on a introduit avec tant d'avantages le café dans la ration des soldats et des marins. Dans nos colonies, les grands propriétaires ont depuis longtemps la sage habitude de faire de larges distributions de café parmi tout le personnel de leurs usines, afin de mieux assurer la santé et la force de leurs ouvriers. Cet usage hygiénique s'est introduit en Europe, et parmi les propriétaires des colonies qui ont contribué à le propager dans notre pays, nous pouvons citer l'aïeul du général Morin, propriétaire à Saint-Domingue : chaque fois qu'il revenait en France, il avait coutume de poser pour première condition du régime à suivre dans sa maison qu'avant toute chose on y ferait couler constamment une *rivière de café*.

Bien des préjugés malheureusement, bien des obstacles de diverse nature, s'opposent encore chez nous au développement de la consommation du café. À l'époque du système continental, les produits exotiques, ainsi qu'un grand nombre de marchandises étrangères, avaient tout à coup subi une hausse considérable en France. Alors la consommation du sucre et du café, devenus des aliments de luxe, fut considérablement restreinte ; alors aussi de toutes parts surgirent des inventions qui prétendaient substituer aux deux substances exotiques des produits tirés de notre sol. Si l'on a pu remplacer ainsi certains produits des industries coloniales, il était impossible de résoudre le problème à l'égard du café. Il fallut donc tourner la question, et après avoir essayé de soumettre à la torréfaction toutes les matières végétales qui tombaient sous la main, l'on offrit au public diverses préparations n'ayant en réalité que les apparences, surtout la couleur du café, mais totalement dépourvues de ce délicieux parfum qui distingue le produit exotique. Au premier rang de ces préparations indigènes s'est placée, on le sait, la racine torréfiée de la chicorée sauvage, plante qu'il était facile de rencontrer, car elle croît spontanément et se développe en abondance le long des routes et dans tous les champs de l'Europe. Les racines de chicorée, obtenues bientôt après dans la grande culture, et abondamment, à force d'engrais, donnèrent lieu à la création d'usines importantes qui existent encore. Là, ces racines, séparées des feuilles, sont dépouillées de l'épidémie et des matières terreuses adhérentes, puis soumises au séchage, à la' torréfaction, broyées dans des moulins spéciaux, enfin réduites en poudre fine ou grenue.

Depuis le commencement de notre siècle, on a vu les consommateurs, peu à peu habitués à l'usage de la chicorée, devenir la plupart trop exigeants relativement à l'intensité de la couleur de l'infusion, et dès lors enclins non-seulement à pousser trop loin la torréfaction du véritable café, mais encore à suivre une méthode vicieuse en faisant bouillir le mélange avec l'eau au point de volatiliser une grande partie de l'arôme. Ces détériorations furent portées plus loin encore par l'addition d'un quart ou de moitié de chicorée, toujours dans la vue de rendre plus foncée la teinte de l'infusion. Sous l'influence de toutes ces causes d'altérations, entre le grossier breuvage ainsi préparé et celui que procure la chicorée seule, la différence n'était plus très grande, et dès lors on a été peu à peu conduit à substituer complètement à la boisson dont les qualités stimulantes, la saveur exquise et le délicieux parfum formaient les remarquables attributs, l'infusion de la chicorée, dépourvue de tous ces avantages, acre et nauséabonde lorsqu'on la prend sans y ajouter du lait, dont l'odeur douce et

Anselme Payen

légèrement balsamique fait seule tolérer ce mélange. On a pu, il est vrai, reconnaître à l'infusion de la chicorée une odeur sensible de caramel due à la présence d'une matière sucrée dans la racine soumise à la torréfaction ; mais cet arôme particulier, qu'un assez grand nombre de personnes trouvent agréable, est facile à obtenir plus pur et plus doux en ajoutant à l'infusion du café normal quelques gouttes de caramel préparé avec du sucre de canne. Telle a été l'origine de l'industrie, maintenant assez importante, qui livre au commerce le produit désigné sous le nom de *café de Chartres*. Cette préparation spéciale, qui consiste à projeter du sucre, dans une juste mesure, au moment où la torréfaction des grains commence à développer l'arome du café, aurait l'avantage de donner satisfaction au plus grand nombre des consommateurs en augmentant l'intensité de la couleur. Ce pourrait être en définitive une amélioration réelle, en ce sens que l'on parviendrait peut-être à supprimer ainsi l'emploi des diverses substances étrangères d'une salubrité douteuse, qui n'ont guère d'autre avantage apparent qu'une coloration plus intense de l'infusion du café.

La substitution de la chicorée au café présente-t-elle du moins quelque utilité à l'agriculture métropolitaine ? Il n'en est rien. En effet, la culture en grand de la chicorée sauvage exige des fumures doubles de celles qui suffisent à la plupart des récoltes sarclées, sinon elle épuise le sol et ne donne guère en tout cas plus de bénéfice net que la culture du trèfle. D'ailleurs, au lieu délaisser comme celle-ci dans la terre un engrais équivalent aux racines qui s'y sont développées à ses dépens, elle les emporte nécessairement à l'époque de la récolte, qui en exige l'arrachage. Le plus grand nombre de nos habiles agriculteurs du Nord ne s'y sont pas trompés : loin de disputer aux Belges et aux Allemands notre marché intérieur en profitant des cours qui s'élèvent nécessairement en raison des droits de 6 pour 100 au moins de la valeur (3 fr. par 100 kilos de racines sèches), ils ont peu à peu abandonné à l'importation étrangère un débouché qui puisait dans ces importations, en moyenne décennale, chaque année : 90,384 kilos de 1827 à 1836, 500,681 kilos de 1837 à 1846, 1,543,500 kilos de 1847 à 1856, 3,152,357 kilos en 1857, et 3,685,246 kilos en 1858.

L'agriculture française est donc désintéressée dans la question. Quant au fisc, on va voir de quel côté son intérêt se trouve : 100

kilos de chicorée sèche introduits en France ne lui laissent que 3 fr., tandis que 150 kilos de café véritable, nécessaires pour produire une égale quantité d'infusion ayant la même nuance, auraient rapporté en moyenne 150 fr., c'est-à-dire *cinquante fois plus au trésor public*. Ce n'est pas tout encore cependant : si les agriculteurs ont peu ou même n'ont réellement pas profité de cette immunité des droits, un grand nombre de spéculateurs d'un autre ordre ont exploité cette situation. Sans sortir des villes, ils ont puisé dans les produits les plus divers des cultures environnantes, parfois même dans les résidus des récoltes, les matières premières les plus hétérogènes, n'ayant guère de commun entre elles que le bas prix ou une valeur à peu près nulle ; puis, au moyen d'une simple torréfaction qui leur permettait d'imiter les apparences extérieures du produit exotique, ils ont réalisé d'énormes bénéfices en s'affranchissant de tous les frais d'acquisition de marchandise étrangère, d'importation et de droits.

On comprend que de pareilles spéculations n'aient pu spontanément réussir. Alors les inventeurs ont voulu attirer par tous les moyens la confiance sur ces produits dépourvus de propriétés utiles, de saveur et d'arôme agréables, offrant au contraire un goût acre, une odeur repoussante, souvent une insalubrité très réelle. Quelque fonds que l'on pût faire sur la crédulité publique, l'entreprise était difficile ; elle ne devait avoir de succès qu'à une double condition. Il fallait d'abord prôner à grand bruit et à grands frais les vertus imaginaires de ces indigestes produits, puis, en promettant les plus heureux résultats pour l'entretien de la santé et le développement des forces, il fallait encore détourner la confiance acquise au rival qu'on voulait combattre, inspirer une crainte profonde des dangers auxquels il exposerait les consommateurs, s'ils ne se hâtaient de l'abandonner. Sur ce point, tous les spéculateurs se sont parfaitement entendus : chacun, donnant à son produit les plus pompeux éloges, attaquait à l'envi le malheureux café, qui ne payait personne pour se défendre, qui ne publiait d'autres annonces que celles de son arrivée dans nos ports, annonces qui peuvent intéresser les négociants, mais que la foule ne connaît pas. On était loin déjà de la supercherie relativement innocente des étiquettes, étalant, parmi les images des végétations tropicales et des nègres occupés à leurs pénibles travaux, les mots expressifs de *café Moka pur* sur des paquets assez hermétiquement clos pour ne laisser échapper aucun arôme et ne renfermant d'ailleurs en réalité que de la chicorée pure, parfois cependant de qualité très douteuse [14].

Pendant de longues années, toutes ces falsifications ont été plus ou moins tolérées, faute de preuves ou de moyens de déceler la nature ou les proportions des mélanges ; mais enfin l'autorité administrative en France et une honorable association de médecins et de chimistes à Londres ont fait examiner et soumettre à l'analyse tous ces cafés entachés de falsification. Bientôt on a pu découvrir ainsi une foule de mélanges et de recettes, qu'on ne pouvait deviner, sous les dénominations de *moka*, de *café mitigatif* de *café fin au sel de Vichy, café toniah, café de glands doux, café Cézé*, etc. L'analyse y a démontré les produits mélangés en proportions diverses de la torréfaction des racines de chicorée, de betterave, de carotte, du souchet comestible, du panais, des pois chiches, de l'orge ou du malt, du seigle, des féveroles, des haricots, des graines de lupin, de genêt, des marrons d'Inde, puis du caramel de diverses origines (sucres bruts, mélasses, etc.). Alors ont eu lieu des poursuites actives, suivies bientôt de résultats très positifs : c'est ainsi que depuis un an environ plus de cent cinquante condamnations plus ou moins sévères ont été prononcées contre un égal nombre de falsificateurs [15].

Tels sont les obstacles au milieu desquels la consommation du café en France poursuit une marche trop péniblement ascendante pour qu'on ne se préoccupe pas de les aplanir, au grand profit de l'industrie coloniale et de la santé publique. L'administration est déjà entrée dans une voie excellente en faisant, de concert avec le conseil d'hygiène et de salubrité, une guerre sérieuse aux falsificateurs, en exigeant que toutes les substances torréfiées fussent présentées au public sous leur véritable nom ; mais puisque ces substances n'ont évidemment d'autre destination que de remplacer le café, comment se fait-il qu'elles demeurent affranchies de tous droits, tandis que celui-ci supporte des droits considérables ? Ne serait-ce pas en sens précisément contraire qu'il serait juste et convenable d'accorder protection et encouragement ? Lorsqu'en 1845 il fut établi devant la chambre des députés que la glucose granulée (sucre de fécule en petites agglomérations cristallines) commençait à être substituée aux sucres de canne et de betterave, on décida que ce sucre particulier serait soumis aux mêmes droits : dès lors bien des mélanges frauduleux ont disparu, et la consommation du véritable sucre a repris son essor. Aujourd'hui la même mesure en faveur du café aurait les mêmes conséquences. Tout doit nous faire espérer du moins qu'on recherchera enfin les moyens vraiment efficaces de développer la production et la consommation du café en soulageant l'industrie coloniale de quelques charges, et surtout en la délivrant de concurrences déloyales. Pour le café comme pour le sucre, les intérêts de l'état et ceux de la santé publique se trouvent étroitement unis. Il importe de les satisfaire plus largement que par le passé.

Notes

1.   Notamment dans la livraison du 1er mars 1859.

2.   On obtiendrait peut-être des effets moins salutaires, il faut le dire, de la substance sucrée contenue dans la pulpe du fruit mûr du cafier, et qui, sous l'influence de la fermentation, développe rapidement de l'alcool. A. de Humboldt s'étonnait qu'on n'eût pas tiré parti de ces propriétés de la baie du cafier ; il ignorait sans doute qu'on a essayé en diverses occasions de l'utiliser dans nos colonies pour produire une légère boisson aromatique et vineuse. Un ancien écrit cité par M. Boussingault contient le passage suivant : « Les habitants de l'Arabie prennent la peau qui enveloppe la graine et la préparent comme le raisin ; ils en font une boisson pour se rafraîchir pendant l'été. »

3.   La Réunion avait envoyé des cafés très bien préparés par M. David de Florès sous les dénominations de moka, eden et myrte, d'autres de Mme Lafitto, de M. Jallot, de Mme veuve Lossandière. Dans l'envoi de la Guadeloupe, les produite de M. Bonnet et ceux qui étaient présentés au nom de MM. Souque et Negré sa faisaient surtout remarquer. L'échantillon expédié de la Martinique par M. Le Lorrain offrait le type de ce café vert dont la forte saveur est si estimée en tous pays comme propre à rehausser certains autres cafés à odeur plus suave. Un produit de la Guyane française, adressé par M. Goudin et venu des terres hautes, offrait une singulière analogie avec le moka. Un autre café moins aromatique, recueilli

Anselme Payen

sur les terres basses du quartier de Mana par les sœurs de Saint-Joseph, annonçait aussi une culture intelligente et soigneuse. Parmi lus produits nombreux des possessions étrangères, on remarquait surtout les belles collections présentées par le conseil des colonies portugaises et par la société néerlandaise de Java.

4.   La moyenne annuelle (entre les importations décennales), qui de 1827 à 1830 était de 17,327,684 kilos, s'est élevée de 1837 à 1846 à 24,400,119 kilos, et de 1847 à 1856 à 32,633,022 kilos.

5.   Rendre cet hommage à l'Ile de la Réunion, ce n'est que justice ; c'est aussi répondre à des susceptibilités qu'avait éveillées un passage mal interprété de notre dernière étude sur le sucre, et dont un délégué de cette colonie s'était fait l'organe auprès de nous. En racontant la disparition mystérieuse de l'un des plus entreprenants manufacturiers de l'île, M. Vincent, nous ne croyions avoir laissé planer aucun doute sur les grands propriétaires de la Réunion, qui, loin d'être hostiles à l'esprit de progrès, accueillent avec une sympathie intelligente tous les procédés nouveaux.

6.   Malheureusement de telles améliorations dépassent les moyens dont peuvent disposer dans nos colonies un grand nombre de propriétaires plus ou moins éprouvés par les événements de 1848. C'est à grand'peine qu'ils peuvent subvenir aux lourdes dépenses de la main-d'œuvre, insuffisante d'ailleurs, des travailleurs libres, même en empruntant sur les produits à venir de leur récolte. Obligés, faute de capitaux, de se servir des anciens moteurs hydrauliques ou à vent, ils voient à chaque campagne se reproduire des accidents qui compromettent les résultats impatiemment attendus. Et quand ils n'ont même à déplorer aucun de ces accidents, quand même le sucre obtenu dans des conditions. favorables atteint par sa belle nuance et la netteté de ses cristaux le type de la première qualité, la surtaxe qui frappe alors ces produits annule le bénéfice exceptionnel qu'on aurait pu s'en promettre. Faciliter l'action des banques coloniales et du crédit foncier, encourager par la suppression de la surtaxe le perfectionnement des procédés, ce serait donner, nous en sommes convaincu, une impulsion heureusement féconde à la culture coloniale, qui se développerait au grand profit de la fortune publique, des recettes de l'état et des progrès de notre marine. Telle était du moins la conclusion à laquelle nous étions conduit en écoutant les détails

Notes

que nous donnait sur la triste situation des colonies françaises un ancien magistrat, propriétaire à la Guadeloupe, M. Corot.

7.   L'acide colorable en vert appelé acide chloroginique, et le sel double naturel que forme la combinaison de cet acide avec la potasse et la caféine.

8.   Cette poussière, produite par le vannage ou décorticage des grains de café, doit être constamment expulsée des ateliers par de larges courants d'air, car il s'y développe en abondance des insectes dangereux appelés chiques, qui s'attachent à la peau des hommes, pénètrent jusque dans les muscles, et s'y multiplient souvent au point de déterminer des plaies de mauvaise nature.

9.   Il est à remarquer que le décorticage complet n'est pas regardé comme une opération indispensable en tous pays. La Bolivie par exemple et Java expédient en France une sorte de café dont les baies ont été seulement débarrassées de leur pulpe, et non de l'enveloppe coriace qui touche les grains. Connus sous le nom de café en parche, ces grains paraissent plus volumineux que les autres ; mais si l'on brise avec les doigts l'enveloppe friable qui les entoure, on reconnaît qu'ils sont assez petits. Plus dispendieux de main-d'œuvre et de transport que les cafés ordinaires, le café en parche acquiert par la torréfaction un arôme très délicat. Les Boliviens apprécient beaucoup cette sorte de produit, qu'ils appellent café des Yuncas.

10.   Voici, plus en détail, la composition moyenne du café normal de bonne qualité d'après les données actuelles de la science:

Cellulose formant toute la portion tenace et résistante du tissu	34
Eau hygroscopique retenue à différents degrés par les autres substances.	12
Substances grasses, les unes oléiformes, les autres consistantes, abondantes surtout dans le moka ;	10 à 13
Matière sucrée (glucose), dextrine et acide végétal à déterminer	15,5
Substances azotées neutres (légumine, caséine, etc.	10

Anselme Payen

Caféine libre cristallisable	0,8
Chloroginate de potasse et de caféine	3,5 à 5
Organisme azoté	3
Huile essentielle concrète insoluble dans l'eau	0,001

Essence aromatique à odeur suave soluble	0,002
Substances minérales : potasse, magnésie, chaux, acides phosphorique, sulfurique, silicique, et chlore	6,697
	100

Cette analyse peut sembler bien compliquée, si on la compare aux anciennes analyses, et cependant on peut s'assurer que toutes ces substances, au nombre de vingt-deux, existent réellement dans le café, car on parvient à les en extraire par de simples dissolvants. On peut en outre avoir la certitude qu'il existe dans le périsperme d'autres substances encore que l'on n'est point parvenu à séparer.

11.   L'étymologie de ce nom (Χλωρός, couleur jaune, et γεννάω, j'engendre) indique la propriété d'engendrer une coloration jaune d'abord, puis verte, et brune enfin.

12.   Cette invention utile a doublement profité à l'auteur : elle lui a valu, outre une clientèle assez nombreuse pour faire prospérer son modeste établissement, une récompense honorifique à l'exposition nationale de 1849.

13.   Les Anglais eux-mêmes consommaient à la même époque plus de café que nous, bien que le thé occupât comme aujourd'hui dans leur alimentation une place beaucoup plus considérable encore.

14.   Tout le monde a pu lire les annonces chaque jour reproduites de certaines imitations du café exotique, moins nombreuses aujourd'hui et pour cause. Toutefois quelques passages d'une notice de l'un de ces esprits fertiles en inventions grotesques nous paraissent offrir le sublime du genre. « Le café tel qu'il est présenté au public, y lisons-nous, contient, comme le tabac, tout le monde le sait, une espèce de principe toxique... » La conclusion, on la devine : « Donc vous accueillerez favorablement notre importante découverte, qui consiste à ôter au café la partie toxique, le principe acre et irritant... » Puis, comme le nom de

ce bienfaiteur de l'humanité aurait pu paraître une insuffisante caution, il présente sans hésiter comme garants « les médecins de la faculté de Paris qui l'ont analysé… » S'il avait pu trouver une faculté plus haut placée, sans doute il se fût adressé à elle. Sans attendre cependant le témoignage des médecins de la faculté de Paris dont il avait oublié les noms, les tribunaux, loin d'accorder une récompense à l'inventeur, lui ont interdit de se livrer à l'avenir à de pareils frais d'imagination.

15.   Parmi ces dernières, plusieurs ont frappé quelques fabricants du produit vendu sous le nom de café de Chartres, non que cette industrie doive être absolument prohibée ; dans une certaine mesure, elle peut avoir sa raison d'être, mais au-delà elle a dû souvent, à Chartres comme à Paris, couvrir des fraudes, punies à bon droit par les tribunaux. Cette industrie, quand elle est loyalement exercée, repose sur un procédé qui développe dans le café véritable la coloration foncée, l'odeur et la saveur du caramel, agréables à beaucoup de personnes. Les auteurs ou les imitateurs du procédé de Chartres ont eux-mêmes tenté de rendre leur préparation plus économique en augmentant les proportions de sucre, en substituant aux sucres de belle qualité des vergeoises de qualité inférieure, même des mélasses de canne ou de betterave ; mais d'une part les cafés torréfiés avec 10, 15 et 20 de matière sucrée pour 100 de leurs poids étaient devenus excessivement hygroscopiques, et leur arôme subissait une altération notable lorsque les mélasses étaient substituées aux sucres. Puis, et ceci est plus grave, conservant pour eux tout le bénéfice de ces mélanges économiques, y ajoutant parfois en outre de la chicorée de deuxième qualité, c'est-à-dire le produit de la torréfaction des résidus terreux et altérés de l'épluchage des racines brutes, les préparateurs s'exposaient à être accusés de tromperie sur la nature de la marchandise vendue. Ces faits ont dû attirer l'attention de l'autorité ; bientôt après, vérifiés par des expertises certaines, ils ont donné lieu à quatorze poursuites simultanées et à douze condamnations judiciaires.

ISBN : 978-1543217322

Anselme Payen

www.ingramcontent.com/pod-product-compliance
Lightning Source LLC
Chambersburg PA
CBHW051828170526
45167CB00005B/2199